BEI GRIN MACHT SICH IHR WISSEN BEZAHLT

- Wir veröffentlichen Ihre Hausarbeit,
  Bachelor- und Masterarbeit

- Ihr eigenes eBook und Buch -
  weltweit in allen wichtigen Shops

- Verdienen Sie an jedem Verkauf

Jetzt bei www.GRIN.com hochladen
und kostenlos publizieren

Bibliografische Information der Deutschen Nationalbibliothek:

Die Deutsche Bibliothek verzeichnet diese Publikation in der Deutschen National-
bibliografie; detaillierte bibliografische Daten sind im Internet über http://dnb.d-
nb.de/ abrufbar.

Impressum:

Copyright © 2004 GRIN Verlag, Open Publishing GmbH
Druck und Bindung: Books on Demand GmbH, Norderstedt Germany
ISBN: 9783640510078

Dieses Buch bei GRIN:

http://www.grin.com/de/e-book/139573/aeolische-prozesse-und-formen-desertifi-
kation-wuesten-duenenformen

Christian Fischer

Äolische Prozesse und Formen - Desertifikation, Wüsten, Dünenformen

Ausarbeitung

GRIN Verlag

GRIN - Your knowledge has value

Der GRIN Verlag publiziert seit 1998 wissenschaftliche Arbeiten von Studenten, Hochschullehrern und anderen Akademikern als eBook und gedrucktes Buch. Die Verlagswebsite www.grin.com ist die ideale Plattform zur Veröffentlichung von Hausarbeiten, Abschlussarbeiten, wissenschaftlichen Aufsätzen, Dissertationen und Fachbüchern.

Besuchen Sie uns im Internet:

http://www.grin.com/

http://www.facebook.com/grincom

http://www.twitter.com/grin_com

Christian Fischer
Proseminar: Einführung in die physische Geographie
Referatsdatum: 8.Dezember 2003
WS 03/04

<u>Äolische Prozesse und Formen</u>

Inhaltsverzeichnis:

1. Voraussetzungen

Äolische Prozesse finden statt wenn der Wind auf die Landoberfläche einwirkt. Dabei müssen bestimmte Voraussetzungen gegeben sein. Man braucht eine nur lückenhafte, sehr spärliche oder gar keine Vegetation. Hierdurch ist die Grundvoraussetzung gegeben die es dem Wind ermöglicht ungebremst auf die Oberfläche einwirken zu können. Des weiteren muss auch transportierbares Lockermaterial vorhanden sein, welches im Vorfeld schon von verschieden anderen Verwitterungsarten angegriffen und zerkleinert worden ist. Hierbei zu nennen wären zum Beispiel Verwitterung durch Frostsprengung, Insolationsverwitterung, Salzverwitterung und verschiedene Arten der chemischen Verwitterung. Erleichtert wird die Einwirkung des Windes auf die Oberfläche noch durch eine trockene Oberfläche da dann die Quarzpartikel nicht durch Kohäsionskräfte des Wassers zusammen gehalten werden können. Ähnliches gilt auch für Salzminerale zwischen welchen auch zwischenmolekulare Bindungskräfte auftreten können. Schon fast von selbst versteht sich dass zu äolischen Formungsprozessen auch genügend hohe Windgeschwindigkeiten benötigt werden, welche es ermöglichen dass die Sandkörnchen in die Luft erhoben werden. Die Geschwindigkeit, ab der nennenswerter Mineraltransport stattfindet liegt bei etwa 4,5 m/s. Durch das Einwirken des Windes auf die Oberfläche entsteht eine Schubspannung (abhängig von der Korngröße der Mineralpartikel), welche eine Schubspannungsgeschwindigkeit der beweglichen Mineralpartikel auslöst.
All die hier genannten Voraussetzungen treten vor allem in den Trockengebieten der Erde, den Kältewüsten des Periglazialraums, an Küsten und zu gewissen Zeiten auch auf unbepflanzten landwirtschaftlichen Flächen auf.

2. Transportarten

Der Transport der kleinen Mineralpartikel erfolgt auf verschiedene Weisen.
Korngrößen von weniger als 20μm werden meist in Suspension Transportiert. Herrschen hierbei genügend hohe Turbulenzen können sehr große Strecken zurück gelegt werden. Die Partikel werden dabei mit annähernd gleicher Geschwindigkeit wie der Windgeschwindigkeit transportiert. Durch den Vorgang der Suspension kann es zu sehr großvolumigen Staubwolken kommen welche als Staubstürme bezeichnet werden und sehr große Mengen Staub transportieren können.
Gröbere Partikel (meist zwischen 60 und 1000μm) werden durch Saltation transportiert. Die Bewegung, die ein Sandkorn hier durchführt kann als springend oder hüpfend beschrieben werden. Die Sandkörner bewegen sich in flachgestreckten Kurvenbahnen über die Bodenoberfläche. Höhen von 2m werden dabei selten überschritten. Den Übergang zwischen Suspension und Saltation kann man nicht genau festlegen und wird als modifizierte Saltation beschrieben da z.B. Sandkörnchen von 40μm bei einer bestimmten Windgeschwindigkeit nur durch Saltation weiterbewegt werden, bei einer höheren Geschwindigkeit allerdings kurzzeitig in Suspension übergehen können.
Wenn Partikel die durch Saltation transportiert werden, haben sie durch den Wind eine gewisse Bewegungsenergie, welche sie beim Aufprall auf die Oberfläche auf die dort liegenden größeren Sandkörner übertragen. Diese größeren Sandkörner erfahren auf diese Weise eine Vorwärtsbewegung welche man als Reptation bezeichnet. Die Reptation ist im Vergleich zu den anderen Transportarten ein verhältnismäßig langsamer Prozess bei dem die Sandkörner meist nur über kurze Distanzen verschoben werden.

3. Deflationsformen

Der Vorgang des Transportes von nahe der Oberfläche liegenden oder am Boden gerollten Partikel wird als Deflation bezeichnet.
Findet Deflation statt kann es zu verschiedenen Erscheinungsformen kommen.
Vor allem dort wo eine unvollständige Grasdecke vorliegt kann sich bei Regen Wasser sammeln und es entsteht ein seichter Teich. Wenn dieses Wasser nun wieder verdunstet hinterlässt es einen schlammigen Boden der bald wieder austrocknet. Hierbei können Trockenrisse entstehen wodurch sich auch Teilchen von kleinstem Staub bilden. Herrschen nun Bedingungen wie unter 1. genannt nimmt der Wind den Staub mit und es entstehen Auswehungshohlformen welche als Deflationswanne bezeichnet werden. Durch Wiederholung des Vorgangs wird der Boden der Deflationswanne tiefer gelegt.
Wenn die Bodenoberfläche aus verschiedenen Korngrößengemischen besteht (zum Beispiel auf der sanft abfallenden Oberfläche eines Schwemmfächers) kann die Deflation selektiv wirken. Wird das Feinmaterial durch den Wind ausgeweht bleiben die gröberen Steine zurück was wiederum Auswirkungen auf die aerodynamische Rauhigkeit der Oberfläche hat und diesen Vorgang noch verstärkt da hierdurch in Bodennähe stärkere Verwirbelungen stattfinden. Ist ein gewisser Grad der Abtragung des Feinmaterials erreicht hat sich ein Steinpflaster aus gröberen Steinen gebildet welches wie ein Panzer wirkt und das darunter liegende Feinmaterial vor weiterer Erosion durch Deflation schützt. Wird diese Oberfläche verletzt (z.B. durch anthropogene Einflüsse) kann die Deflation wieder einsetzen.

4. Korrasionsformen

Der Vorgang bei dem vom Wind getriebene Gesteinspartikel auf eine harte Gesteinsoberfläche treffen und diese abschürfen wird als Korrasion, Windschliff oder Windabrasion bezeichnet.
Eine Form des Windschliffs sind windgeschliffene Gesteinsoberflächen. Hierbei prallen die Sandkörnchen welche durch Saltation transportiert werden an Gesteinen ab und können das Gestein dadurch abschürfen. Diese Schürfwirkung kann an einzelnen, sich an der Bodenoberfläche befindlichen Steinen zu Windkantern führen. Windkanter entstehen dadurch dass ein Stein, der über lange Zeit hinweg aus einer Richtung von den vom Wind mittransportierten Sandkörnen getroffen wird durch die auftretende Reibung zunächst abgeflacht wird. Wird dieser Stein nun durch irgendwelche äußere Einflüsse gedreht erhält er auch eine andere Lage dem Wind gegenüber und wird dadurch auch aus einer anderen Richtung von den Sandkörnchen getroffen. Dies führt dazu dass nach einer gewissen Zeit ein Stein entsteht, der mehrere vom Wind geschliffene Seiten besitzt, welche meist durch Kanten abgetrennt werden. Daher auch der Name „Windkanter".
Eine weitere Form der Korrasion ist die Ausbildung von Hohlkehlen. Meist treten diese Hohlkehlen in den unteren 1-2 Metern auf da hier der hauptsächliche Transport der Sandkörnchen durch Saltation stattfindet. Wenn der Wind hierbei spitzwinklig zur Oberfläche weht sind die Auswirkungen des Windschiffs am größten. Weht der Wind senkrecht zur Felswand ist die Schürfwirkung nicht so groß da der Wind vor dem Hindernis gebremst wird und so nicht die volle Bewegungsenergie auf die Felsoberfläche übertragen kann. Stehen nur einzelne Felsen in der Landschaft kann es zu einer Sonderform von Hohlkehlen kommen, nämlich den Pilzfelsen. Vorausgesetzt es herrschen wechselnde Windrichtungen kann ein einzeln stehender Felsen von allen Windrichtungen aus durch Korrasion angegriffen werden wodurch die typische Pilzform entsteht.

Größere meist stromlinienförmig der Windrichtung angepasste Rücken werden Yardangs genannt. Sie bestehen häufig aus Sedimentgestein, können bis 10m hoch und 100m lang sein. Sie besitzen eine dem Wind zugewandte Luv-Seite welche durch Windschliff abgeflacht ist. Die Lee-Seite ist meist steil ausgebildet da hier meist keine Korrasion herrscht.

5. Akkumulationsformen

Hat der Wind nicht mehr genügend Transportkapazität die Sandkörner durch Suspension, Saltation oder Reptation vorwärts zu bewegen findet Akkumulation statt. Akkumulationen die durch den Wind geschaffen worden haben bestimmte Merkmale wie eine gute Größensortierung die durch die unterschiedliche Transportkraft des Windes bewirkt wird. Obwohl äolisch transportierte Quarzkörner ebenfalls gerundet sind wie fluvial transportierte Quarzkörner kann man bei äolischen Sedimenten im Vergleich zu fluvialen Sedimenten, welche eher glattgeschliffene Oberfläche besitzen, eine Mattierung der Sandkörnchen feststellen die durch den Vorgang der Korrasion entstanden ist. Des weiteren haben äolische Akkumulationen auch meist eine Schichtung welche durch den Wechsel der verschiedenen Windrichtungen und Windstärken entstanden ist. Diese Schichtung kann man besonders gut erkennen wenn sich aus den abgelagerten äolischen Sedimenten Sedimentsteine bilden und diese dann durch Hebung an die Oberfläche treten. (z.B. Sandsteine die aus Dünen hervorgegangen sind)
Bei Löß allerdings kann man keine Schichtung feststellen da hier die Einzelkörner orientierungslos vorliegen und eine lockere Lagerung eingehen. Allerdings lassen sich in Lößhorizonten verschiedene Phasen der Bodenbildung nachweisen wodurch auch Phasen festgestellt werden können in denen weniger Sedimentablagerung statt fand (Kaltzeiten während der Eiszeit). Löß entsteht wenn feines Material kurzfristig durch Suspension transportiert und wieder abgelagert wird. Ablagerung passiert wenn die durch Luftwirbel erzeugte Schubspannungsgeschwindigkeit unter die Sinkgeschwindigkeit der Körner fällt. Die Bildung eines Lößhorizontes ist ein lang andauernder Vorgang mit geringen Sedimentationsraten Löß ist ein äolisches Schluffsediment welches hauptsächlich (65-80%) aus Quarzkörnern der Kornfraktion von 10-50μm (Schlufffraktion) besteht. Hinzu kommen weitere in ihren Anteilen stark variierende Minerale wie Feldspäte, Glimmer, Tonminerale und Karbonate.
Windrippel sind die kleinsten Akkumulationsformen. Ihre Rippelhöhe und der Aufschlagwinkel (damit auch der Rippelabstand) sind abhängig von Windgeschwindigkeit und Korngröße der transportierten Sandkörner. Die Rippel verlaufen senkrecht zur Windrichtung. Unregelmäßigkeiten in der überströmten Oberfläche genügen um Rippelbildung auszulösen.
Bei größeren Sandakkumulationen bei denen sich auf der Luv-Seite die Sandkörner durch Saltation fortbewegen und auf der Lee-Seite aufgeschüttet werden spricht man von Dünen. Man kann Dünen in aktive (nicht an einen bestimmten Ort gebundene) und inaktive Dünen (ortsgebundene Hindernisdünen) unterscheiden.
Bei den freien Dünen unterscheidet man u.a. in Longitudinaldünen (Längsdünen), Sterndünen, Umkehrdünen, Parabeldünen (Sicheldünen), Barchandünen, Kuppeldünen und Transversaldünen (Querdünen). Längsdünen bilden sich oft unter Passateinfluss wenn schwach alternierende Winde den Sand um eine bevorzugte Windrichtung hin zusammenfegen. Die Dünen verlaufen parallel zur Windrichtung. Großformen bezeichnet man als Draa, Kleinformen als Seif. Sterndünen bilden sich bei großen Sandmengen und sich überlagernden Windrichtungen. Umkehrdünen bilden sich dann wenn der Wind aus zwei vorherrschenden Windrichtungen entgegen weht. Bei Parabeldünen wandert die Mitte der Düne schneller als die luvwärts ausgerichteten Flanken. An den Seiten ist der Sandtransport

entweder durch Bodenfeuchte oder Vegetation behindert. Bei Barchanen wandern die Seiten schneller als die Mitte. Barchane bilden sich bei geringem Sandvorkommen und relativ glatter Landoberfläche. Kuppeldünen bilden sich wenn durch starken Wind (z.b. während eines Sturmes) ein Barchan „eingeebnet" wird. Wenn das Sandangebot sehr groß ist und eine Windrichtung dominiert bilden sich Transversaldünen. Sie besitzen geradlinige Dünenkämme die senkrecht zur Windrichtung verlaufen. Die hier beschriebenen Reinformen von Dünen kann man allerdings nur selten isoliert in ihrer Reinform finden. Meist vermischen sich verschiedene Arten von Dünen miteinander wodurch komplexere Dünen entstehen. Hindernisdünen entstehen meist durch Herabsetzung der Windgeschwindigkeit im Lee bzw. Luv von Hindernissen da die Transportkapazität des Windes abnimmt wenn er abgebremst wird. Bei den Hindernisdünen unterscheidet man in Nebkhas (im Lee eines Busches), halbmondförmige Lunette-Dünen (im Lee einer Wüstensenke), Windschatten-Dünen (im Lee eines Hindernisses, z.B.: Hügel) und Echo-Dünen (im Luv von Hindernissen).

Quellen:

Goudie, Andrew (2002): Physische Geographie (Eine Einführung). Spektrum
Strahler, A.H., Strahler, A.N. (1999): Physische Geographie. Ulmer
Zepp, Harald (2003): Einführung in die Geomorphologie. UTB Schöningh

Handout
Äolische Prozesse und Formen

Vorraussetzungen für äolische Formungsprozesse:
- lückenhafte oder fehlende Vegetation
- transportierbares Lockermaterial
- trockene Oberfläche
- genügend hohe Windgeschwindigkeiten

⇒ Vorkommen: Trockengebiete, Kältewüsten, Küsten, unbepflanzte Flächen

Transportarten:
- **Suspension** (Transport der Partikel durch den Wind mit annähernd Windgeschwindigkeit bei Korngröße < 20µm)
- **Saltation** (Herausreißender Wirbel + sprunghafte Vorwärtsbewegung der Körner über kurze Strecken bei Korngrößen von 60-1000µm)
- **Reptation** (Saltation→ Anstoß eines größeren, liegenden Sandkorns ⇒ Vorwärtsbewegung des liegenden Sandkorns bei Korngrößen > 500µm)

Deflation:
Erosionsarbeit des Windes durch lose, nahe der Oberfläche transportierte oder am Boden gerollte Partikel.

⇒ Deflationsformen: Deflationswannen, Steinpflaster

Korrasion/Windabrasion:
Erosionsvorgang bei dem vom Wind getriebene Gesteinspartikel auf eine harte Gesteinsoberfläche treffen und diese abschürfen. ⇒ Windschliff

⇒ Erosionsformen: Windkanter, Hohlkehlen / Pilzfelsen, Yardangs

Akkumulation:
Wenn der Wind nicht mehr genügend Transportkapazität hat, die Körner durch Suspension, Saltation oder Reptation vorwärts zu treiben findet Akkumulation statt.

⇒ Dünen (freie und ortsgebundene Formen)
- freie Formen: Windrippel (Kleinform), Longitudinaldünen (Längsdünen), Sterndünen, Kuppeldünen, Umkehrdünen, Parabeldünen (Sicheldünen), Barchane, Transversaldünen (Querdünen)
- gebundene Formen (bei Hindernissen): Nebkha, Lunette-Düne, Echodüne

weitere Akkumulationsform: Löß (äolisches Schluffsediment mit 60-85% Schluffanteil)

Quellen:
Zepp, Harald (2003): Einführung in die Geomorphologie. UTB Schöningh
Strahler, A.H., Strahler, A.N. (1999): Physische Geographie. Ulmer
Goudie, Andrew (2002): Physische Geographie (Eine Einführung). Spektrum